Abhilasha Bhawsar
Manzoor Ahmad Bhat
Mohan Singh

O papel dos macroinvertebrados na avaliação da qualidade da água

Abhilasha Bhawsar
Manzoor Ahmad Bhat
Mohan Singh

O papel dos macroinvertebrados na avaliação da qualidade da água

ScienciaScripts

Cover image: www.ingimage.com

This book is a translation from the original published under ISBN 978-3-659-87432-1.

Publisher:
Sciencia Scripts
is a trademark of
Dodo Books Indian Ocean Ltd. and OmniScriptum S.R.L publishing group

120 High Road, East Finchley, London, N2 9ED, United Kingdom
Str. Armeneasca 28/1, office 1, Chisinau MD-2012, Republic of Moldova, Europe
Managing Directors: Ieva Konstantinova, Victoria Ursu
info@omniscriptum.com

Printed at: see last page
ISBN: 978-620-8-63197-0

ÍNDICE

Introdução

A água é uma substância importante para todos os seres vivos da Terra. A terra é coberta por água em dois terços da sua superfície e o corpo humano também contém setenta e cinco por cento de água. A maior parte da água presente na Terra é salgada e a menor parte é água doce. Devido às suas propriedades hidrológicas únicas, o ecossistema aquático tem apoiado o desenvolvimento de uma comunidade biótica muito complexa na Terra. Praticamente todas as formas, composições, altitudes e latitudes estão povoadas de organismos, tanto vegetais como animais, embora a composição seja muito diferente consoante as diferenças entre as várias águas. Com poucas excepções, todos os grandes grupos de plantas e animais estão representados, muitas vezes por um grande número de espécies. O ecossistema aquático é, assim, um importante sustentáculo da biodiversidade que engloba os ecossistemas de água doce, incluindo lagos, lagoas e reservatórios, rios e ribeiros, águas subterrâneas e zonas húmidas. A biodiversidade aquática tem um enorme valor económico e estético e é largamente responsável pela manutenção e apoio à saúde ambiental global. Há muito que o homem depende dos ecossistemas aquáticos para obter alimentos, medicamentos e materiais, bem como para fins recreativos e comerciais.

Os ecossistemas aquáticos, tanto lóticos como lênticos, possuem uma vasta gama de diversidade na sua composição faunística, que é muito dinâmica e reactiva aos desvios da homeostase ecológica normal (Wallace e Webster, 1996). Os ecossistemas aquáticos são caracterizados por um tipo distinto de ambiente biótico e abiótico. As propriedades físico-químicas da água e dos sedimentos de fundo são os aspectos abióticos de um ecossistema aquático, que desempenham um papel proeminente na determinação da comunidade biótica dos habitats aquáticos em causa (Borja *et al.,* 2000). Os componentes bióticos apresentam uma grande diversidade e riqueza de espécies, incluindo protozoários, esponjas, anelídeos, moluscos, decápodes, ostracodes, cladóceros, copépodes, insectos, peixes, etc. Estes animais aquáticos são classificados como plâncton, perifíton, neuston, nekton e bentos.

O termo bentos é amplamente referido à fauna que está intimamente associada aos sedimentos no ecossistema aquático. Os organismos bentónicos são geralmente organismos sésseis e de movimento lento na natureza aquática. Apresentam uma grande diversidade em função da alteração da profundidade e das propriedades dos sedimentos (Adoni, 1998).

O termo bentos deriva da palavra grega '*bathy', que* significa profundo, bentos refere-se coletivamente a todos os organismos aquáticos que vivem no, dentro ou perto do fundo das massas de água. O bentos é caracterizado como um grupo de invertebrados que passam pelo menos parte do seu ciclo de vida no substrato do fundo das massas de água. O ambiente biótico da massa de água afecta diretamente a distribuição da densidade populacional e a diversidade da comunidade do macrozoobentos (Dar *et al.*, 2015).

Os macroinvertebrados bentónicos são organismos de água doce e são simplesmente animais sem espinha dorsal. Estes organismos são maiores do que ½ mm. Estes animais vivem em rochas, detritos, sedimentos e em plantas aquáticas. São organismos que vivem no fundo do mar, do rio ou do lago (Hynes, 1965; Bhawsar *et al.*, 2015). O bentos pode ser dividido em três grupos, consoante o tamanho do organismo:

Macrozoobentos (organismos que podem ser vistos a olho nu, *por exemplo,* mexilhões, insectos, caranguejos, etc.)

caranguejos, etc.)

Meiobentos (organismos com menos de mm mas com mais de 0,10 mm, *por exemplo).* Nemátodos)

Microbentos (organismos unicelulares como as diatomáceas e as amebas)

Os bentos são uma parte importante da cadeia alimentar, especialmente para os peixes, pois alimentam-se de algas e bactérias que se encontram na parte inferior da cadeia alimentar. Alguns bentos alimentam-se também de folhas e de outras matérias orgânicas que entram na água. Vários cientistas sublinharam a importância da fauna bentónica como indicador valioso das condições ambientais passadas e presentes das massas de água aquáticas (Hynes, 1965; Hilsenhoff, 1988)

A utilização de macroinvertebrados bentónicos para avaliar a qualidade dos rios e ribeiros tem uma história longa e bem documentada. Os macroinvertebrados bentónicos são utilizados preferencialmente em estudos de biomonitorização e constituem uma ferramenta ecológica importante para descrever as alterações espaciais e temporais num ecossistema aquático (Vyas e Bhawsar, 2013). As populações de macroinvertebrados bentónicos, além de vários parâmetros de avaliação química e biológica, são utilizadas para caraterizar a qualidade atual da água de um rio ou lago e podem traçar tendências num determinado curso de água (Bode, 2002).

Os bio-indicadores são os organismos cuja presença, ausência ou estado fornece pormenores sobre a qualidade do ambiente. A monitorização da alteração da qualidade da água em ribeiros e rios pode ser efectuada através de estudos de organismos que vivem na água de superfície. A avaliação da qualidade da água com base em indicadores biológicos de poluição tem sido bem desenvolvida no hemisfério norte (Metcalfe, 1989).

Gerhardt (1999) propôs uma outra definição: os bioindicadores são definidos como espécies ou grupos de espécies que reflectem facilmente o estado abiótico ou biótico de um ambiente, representam o impacto das alterações ambientais numa comunidade de habitats ou num ecossistema ou são indicativos da diversidade de uma área.

A biota residente em qualquer massa de água é um monitor natural da qualidade ambiental e pode revelar os efeitos da poluição episódica e cumulativa e as alterações do habitat. Geralmente, os peixes, as algas, as plantas aquáticas e os macroinvertebrados bentónicos são utilizados como espécies indicadoras para monitorizar os poluentes nas massas de água (Batiuk *et al.*, 1992). Os organismos macrozoobentónicos têm sido os mais frequentemente utilizados como indicadores da qualidade das águas correntes (Rosenberg e Resh, 1993).

Os macroinvertebrados bentónicos são bioindicadores privilegiados por uma série de razões, principalmente porque têm uma mobilidade limitada e permanecem na mesma área geral durante muitos meses, têm respostas documentadas a uma variedade de condições ambientais e constituem uma parte valiosa da cadeia alimentar aquática (Rosenberg e Resh, 1993; Vyas e Bhawsar, 2013).

Os macroinvertebrados apresentam várias vantagens em relação aos outros grupos de organismos: são omnipresentes e diversificados, têm hábitos alimentares diferentes, são sedentários e têm um ciclo de vida que varia entre algumas semanas e alguns anos, e têm um tamanho que pode ser convertido para exame no terreno, armazenamento e transporte (Chessman, 1995). A distribuição dos bentos está intimamente relacionada com o fundo. Os habitats de alimentação das várias formas bentónicas diferem uns dos outros. Os organismos distribuem-se desde a zona litoral até à zona profunda da massa de água, de acordo com os seus habitats de reprodução, local de fixação e disponibilidade de alimentos, etc. (Vyas e Bhat, 2010).

A biomonitorização é uma técnica de monitorização ambiental que utiliza organismos vivos para avaliar a saúde ambiental. A tarefa principal da biomonitorização é a procura do indicador ideal, cuja presença ou ausência ou comportamento reflicta o efeito de um fator de stress no biota (Rosenberg e Resh, 1993).

A biomonitorização tem várias vantagens e é a mais significativa nas áreas protegidas, pois proporciona o melhor cenário para compreender as alterações naturais, a dinâmica e a flutuação que podem ser comparadas com as alterações que regulam e restauram o ecossistema (Lovett-Doust *et al.*, 1994; Christopher *et al.*, 2011).

O estado das comunidades biológicas é uma medida direta de um ambiente livre de poluição. Foram desenvolvidos sistemas de índices bióticos para medir essas condições que dão pontuações numéricas a organismos "indicadores" específicos a um determinado nível taxonómico (Armitage *et al.*, 1983). Estes organismos têm requisitos específicos em termos de condições físicas e químicas. Alterações na presença/ausência, número, morfologia, fisiologia ou comportamento destes organismos podem indicar que as condições físicas e/ou químicas estão fora dos seus limites preferidos (Rosenberg e Resh, 1993), enquanto que a presença de numerosas famílias de organismos altamente tolerantes indica geralmente uma má qualidade da água (Hilsenhoff,1988; Hynes, 1998).

O Madhya Pradesh é rico em diferentes ecossistemas aquáticos e possui 3,0 milhões de hectares de áreas aquáticas sob a forma de reservatórios e lagos. Todos estes ecossistemas aquáticos suportam uma flora e fauna diversificadas. Na "Cidade dos Lagos", Bhopal, existe um grande número de lagos e reservatórios sob a forma de massas de água doce. Bhopal é a capital de Madhya Pradesh, que é conhecida como o coração da Índia. Em Bhopal, existem cerca de 25 massas de água e o Lago Superior é um dos maiores e mais antigos lagos artificiais. Está dividido em duas grandes áreas: o lago superior e o lago inferior.

Os lagos podem ser de água doce ou de água salgada. Atualmente, os lagos de água doce estão a escassear devido à poluição e à exploração excessiva. As águas residuais industriais e os resíduos urbanos são continuamente adicionados à água, o que afecta a quantidade física e química da água, tornando-a imprópria para o uso do gado e de outros organismos (Dwivedi e Pandey, 2002). Os resíduos na água provocam a eutrofização das lagoas e dos lagos. Por isso, tornou-se obrigatório monitorizar a qualidade da água destes lagos. O presente estudo foi efectuado no Lago Superior - um sítio Ramsar, a fim de avaliar a qualidade da sua água utilizando a comunidade bentónica como bioindicador.

Revisão da literatura

Ramakrishnan (2003) estudou abordagens de biomonitorização para a avaliação da qualidade da água em duas massas de água em Tiruvannamalai e sugeriu que a abordagem de biomonitorização não é estática e pode ser modificada.

Sharma *et al.* (2007) estudaram a dinâmica populacional de macroinvertebrados num riacho Shivalik, Banganga, e concluíram que a variação significativa nos conjuntos de macroinvertebrados se devia à qualidade da água e não às condições climáticas.

Sharma *et al.* (2008) estudaram a avaliação da qualidade da água do ribeiro de Ningland utilizando macroinvertebrados bentónicos e concluíram que o NEPBIOS pode ser utilizado como uma ferramenta rápida e económica para avaliar o estado ecológico de ribeiros e rios.

Slathia e Dutta (2009) trabalharam na Limnologia do Lago Surinsar e descobriram que várias classes de protozoários indicam a sua contribuição significativa para a população total de protozoários.

Vyas e Bhat (2010a) estudaram a diversidade de moluscos na bacia superior da zona húmida de Bhoj - um sítio Ramsar e sugeriram que as macrófitas, a lama e a areia constituem os habitats favoráveis para o grupo de moluscos do bentos.

Vyas e Bhat (2010b) estudaram a diversidade macrozoobentónica da massa de água tropical, Upper lake Bhopal, e observaram que os resíduos orgânicos recebidos de fontes pontuais e não pontuais são fonte de nutrientes para o crescimento do bentos.

Latha e Thanga (2010) estudaram a diversidade de macroinvertebrados dos lagos Veli e Kadinamkulam e verificaram que a diversidade e os padrões de distribuição de certas espécies estavam claramente relacionados com a qualidade da água.

Koperski (2011) trabalhou sobre a diversidade do macrozoobentos de água doce e sua utilização na avaliação biológica e sugeriu que o bentos é uma ferramenta importante para a avaliação biológica.

Nesemann *et al.* (2011) trabalharam sobre a fauna de macroinvertebrados bentónicos e elementos marinhos Sensu Annandle do valioso habitat dos golfinhos do rio Ganges e concluíram que, apesar da forte poluição, a diversidade original do Ganges persiste no meio, o que é uma esperança para a sobrevivência dos golfinhos do Ganges.

Arman *et al.* (2012) estudaram os macroinvertebrados bentónicos como uma ferramenta alternativa para a monitorização biológica na avaliação da qualidade da água do rio e sugeriram que o rio Melana está ligeiramente poluído.

Sultana e Kala (2012) estudaram a análise da qualidade da massa de água por macroinvertebrados bentónicos e sugeriram que a biomonitorização através da utilização de macroinvertebrados é uma forma especial de avaliar a qualidade da água como um indicador de poluição.

Balachandran *et al.* (2012) estudaram os macroinvertebrados como indicador na biomonitorização para avaliar a saúde dos lagos e concluíram que o aumento da entrada de esgotos e resíduos urbanos aumentou a concentração de nutrientes, o que cria condições eutróficas na água.

Vyas e Bhawsar (2013) estudaram a estrutura da comunidade bentónica na rede de ribeiras de Barna, na bacia do rio Narmada, e sugeriram que a comunidade bentónica pode ser utilizada para a bioavaliação das massas de água.

Bamakanta *et al.* (2003) verificaram que existe uma variação sazonal significativa nos parâmetros de qualidade da água do rio Nagwali, Odisha.

Mohan *et al.* (2013) trabalharam sobre a biodiversidade e a abundância de macroinvertebrados bentónicos do rio Tawi, Udhampur e concluíram que os artrópodes eram o grupo dominante entre todos.

Ishaq e Khan (2013) trabalharam sobre o padrão de diversidade do macrozoobentos e a sua relação com as caraterísticas qualitativas do rio Yamuna e concluíram que o bentos mostrou uma relação bastante boa com os atributos físico-químicos.

Chowdhary *et al.* (2013a) estudaram *a Eichhornia crassipes* como o habitat preferido dos invertebrados macrozoobentónicos e também as várias espécies de bentos que lhe estão associadas. *A Eichhornia crassipes* desempenha um papel significativo ao fornecer abrigo e habitat de reprodução a estes macorinvertebrados bentónicos.

Chowdhary *et al.* (2013b) trabalharam sobre a evolução dos macroinvertebrados no perfil longitudinal de um rio Tawi e concluíram que as secções a montante do rio são de natureza primitiva em comparação com as secções a jusante.

Chauhan *et al.* (2013) estudaram a biomonitorização do rio Sirsa em Beddi e descobriram que a água do rio contém poluentes orgânicos e inorgânicos descarregados do centro industrial de Beddi.

Sharma *et al.* (2013) estudaram a abundância de macroinvertebrados bentónicos e a sua correlação com os parâmetros físico-químicos do rio Kunda e concluíram que todas as espécies bentónicas têm um efeito negativo na correlação com os parâmetros físico-químicos.

Hazarika (2013) estudou os índices de diversidade de macroinvertebrados na zona húmida de Satajan em Lakhimpur e sugeriu que a comunidade bentónica mostra que o estado ecológico da zona húmida de Satajan está à beira da degradação devido à adição de poluentes de várias fontes.

Sarang e Sharma (2014) estudaram o impacto da descarga de águas residuais na qualidade da água e na diversidade bentónica da barragem de Kota e observaram que a descarga de resíduos causa poluição térmica que afecta a ecologia da barragem de Kota.

Harikumar *et al.* (2014) estudaram a avaliação da qualidade da água da bacia do rio Valapattanam em Kerala, utilizando macro invertebrados como indicadores biológicos e descobriram que a pré e pós-monção revelaram uma poluição moderada e que a qualidade da água é deteriorada por efluentes de esgotos.

Hassan *et al.* (2014) trabalharam sobre os padrões de distribuição de macroinvertebrados no rio Jhelum e observaram que a diversidade e a densidade do bentos eram afectadas por factores ambientais, mas também pela variação altitudinal e pelo substrato.

Chakravorty *et al.* (2014) trabalharam sobre o impacto dos efluentes industriais na qualidade da água e na diversidade de macroinvertebrados bentónicos em lagoas de água doce em Midnapore e observaram que o efeito dos efluentes industriais é maior na lagoa Gokulpur do que na lagoa Santipukur.

Dutta *et al.* (2014) estudaram a biomonitorização dos macroinvertebrados bentónicos da zona da cauda do rio Dikhow e verificaram que o estudo de várias famílias de valores bióticos representa uma deterioração da qualidade da água do rio.

Lonkar e Kedar (2014) estudaram a diversidade macrozoobentónica de três lagos urbanos de Nagpur e observaram que estes lagos são ricos em comunidade bentónica devido ao habitat orgânico existente nestes lagos.

Singh e Sharma (2014) estudaram alguns atributos importantes que regulam a vida dos macroinvertebrados e observaram que os macroinvertebrados são o grupo mais utilizado para a bioassistência no ecossistema aquático.

Sharma *et al.* (2015) trabalhou na diversidade de zooplâncton e macroinvertebrados de duas lagoas perenes na região de Jammu e registou várias espécies indicadoras de poluição em ambas as lagoas.

Sinha *et al.* (2015) estudaram o efeito dos efluentes industriais de uma empresa siderúrgica nas comunidades de macroinvertebrados bentónicos de lagos de água doce e observaram que a biodiversidade bentónica é baixa onde os efluentes industriais chegam.

Lonkar *et al.* (2015) estudaram a avaliação do estado trófico do lago Ambazari com ênfase no macrozoobentos como bioindicadores e concluíram que valores mais elevados de diversidade macrozoobentónica e valores de nutrientes indicam que o estado oligomesotrófico do lago.

Bhawsar *et al.* (2015) estudaram a integridade ecológica da rede de ribeiras de Barna da bacia hidrográfica de Narmada utilizando comunidades macrozoobentónicas e analisaram que, com base no MWQI, a água das ribeiras de Barna e Satdhar era de excelente qualidade.

Dar *et al.* (2015) trabalharam na biomonitorização de um lago tropical (Upper lake Bhopal) e concluíram que o crescimento vigoroso da larva *de Chironomus* indica o aumento do nível de poluição que, em última análise, confere que o corpo de água está sob stress de poluentes orgânicos e inorgânicos.

Materiais e métodos

Área de estudo

O presente estudo foi efectuado em Upper Lake, Bhopal, Índia, que é a capital do estado de Madhya Pradesh e também conhecida como a "Cidade dos Lagos". O Upper Lake é um lago raso, alongado no sentido leste-oeste, com margens irregulares e um crescimento denso de macrófitas. A localização do lago superior é entre a latitude 23°10' - 23° - 2O(f)ΛΓ e a longitude 77°15'- 77°25E com uma área de captação de 361 km. A profundidade máxima do lago é de cerca de 13 m e a profundidade mínima é de cerca de 0,34 m e acima de 503 msl.

Durante o presente estudo, as amostras para análise físico-química e biológica foram recolhidas entre as 7:00 e as 16:00 horas em seis estações de amostragem ao longo da massa de água. Os pormenores das estações são apresentados a seguir:

(1) Kamla park - Esta estação está situada perto de Sheetal das ki bagiya. A estação está sujeita a pressão antropogénica. Os banhos e as lavagens são as principais fontes de poluição nesta estação de amostragem. Esta estação de amostragem não tem vegetação aquática.

(2) Hamidia - Esta estação também está sob pressão antropogénica e recebe sobretudo águas residuais orgânicas e inorgânicas de hospitais e outros esgotos.

(3) Garam gadda - Esta estação tem um crescimento denso de vegetação macrófita.

(4) Zona central - Esta estação é a zona central da massa de água, quase sem interferência humana direta.

(5) Van vihar - Esta estação tem enormes macrófitas e recebe sedimentos da sua área de captação durante a chuva.

(6) Boat club - Esta estação recebe resíduos orgânicos e inorgânicos da sua área de captação e também recebe sedimentos de Van vihar durante a chuva.

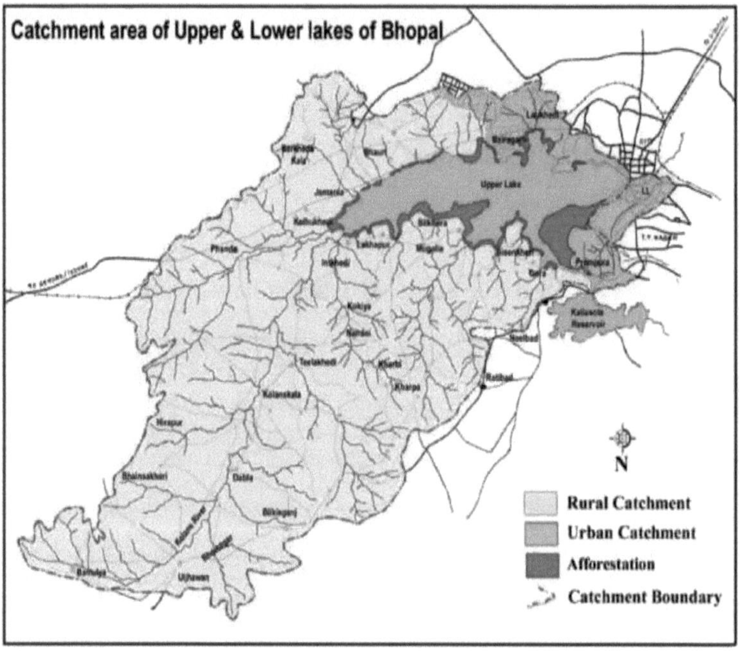

Fig. 1 Mapa de representação do lago superior
(obtido em http://wldb.ilec.or.jp/data/ilec/WLC13_Papers/S17/s17-17.pdf)

Metodologia

A análise físico-química da água do lago superior foi efectuada utilizando métodos normalizados (Adoni *et al.*, 1985 e APHA, 1998). Os seguintes parâmetros foram analisados durante o estudo:

- Temperatura
- pH
- TDS
- Oxigénio dissolvido
- Alcalinidade
- Dureza total
- Dureza cálcica
- Nitrato
- Fosfato

Temperatura

A temperatura atmosférica e a temperatura da água foram registadas com a ajuda de um termómetro de mercúrio centígrado.

pH

O pH foi medido com um medidor de pH digital portátil (Hanna, Itália). Trata-se de uma escala numérica utilizada para medir a acidez ou alcalinidade de uma solução (aquosa).

Sólidos totais dissolvidos

Os sólidos totais dissolvidos são simplesmente a soma da concentração de catiões e aniões expressa em mgl^{-1}. Trata-se de um parâmetro particularmente importante na análise da água. Durante o presente inquérito, os TDS são medidos utilizando um medidor de TDS (Hanna, Itália).

Oxigénio dissolvido

A amostra é recolhida em garrafas de oxigénio de 125 ml e adiciona-se 1 ml de sulfato manganoso e 1 ml de solução de azida para fixar o oxigénio dissolvido. Agita-se suficientemente e deixa-se assentar o precipitado castanho que apareceu. Em seguida, adicionam-se 2 ml de ácido sulfúrico e agita-se o frasco para dissolver o precipitado. Esta solução é colocada num balão e titulada com uma solução de tiossulfato de sódio 0,025N, utilizando amido como indicador, até a solução se tornar incolor.

O oxigénio dissolvido é calculado como

Oxigénio dissolvido em mgl^{-1} = (8x1000xN/V) x v

Onde, V = volume da amostra

v = volume do titulante utilizado

N = Normalidade do titulante (ou seja, 0,025N)

8 = peso molecular do oxigénio

Alcalinidade

A alcalinidade mede a capacidade de neutralização de ácidos da água. É atribuída à presença de iões de hidróxido, carbonato e bicarbonato na amostra. Colocam-se 50 ml de amostra de água num balão e adicionam-se duas gotas de indicador de fenolftaleína, desenvolvendo-se então uma cor rosa. Esta solução é titulada com o titulante ácido sulfúrico (0,02N) até ao desaparecimento da cor. Calcula-se a seguir a fenolftaleína e a alcalinidade total pela fórmula dada:

Alcalinidade da fenolftaleína (P) em mgl^{-1} $CaCo_3$ = ml de titulante "p" x 1000/ml de amostra

Alcalinidade total (T) em mgl^{-1} $CaCo_3$ = ml de titulante "t" x 1000/ml de amostra

Dureza total

A dureza total da água é a soma da concentração de catiões de metais alcalino-terrosos (por exemplo, Ca, Mg). A dureza da amostra é determinada por titulação, utilizando EDTA como titulante e solução tampão e negro de Eriocromo T como indicador. A titulação é continuada até a cor mudar de vermelho-vinho para azul claro. É calculada pela fórmula:

Dureza total mgl^{-1}em CaCo3 = ml de titulante utilizado x 1000/ml de amostra

Dureza cálcica

O cálcio é essencial para todos os organismos, sendo um importante constituinte da parede celular e regula várias funções fisiológicas também nos animais. A dureza cálcica da amostra utilizando EDTA como titulante e solução de hidróxido e murexido como indicador e desenvolvendo a cor rosa-salmão. Titula-se agora com EDTA até que a cor passe de rosa-salmão a púrpura e anota-se o volume de EDTA. O volume é calculado da seguinte forma

Dureza cálcica em mgl^{-1} CaCo3 = ml de titulante x 1000 x 1,05/ ml de amostra

Nitrato

O nitrato é a forma mais oxidada do azoto e é um nutriente importante para as plantas; o nitrato provoca o crescimento excessivo de algas e de outros organismos e suja o sistema hídrico. Mede-se colhendo 25 ml de amostra de água numa caçarola (diluição necessária se o NO3-N exceder 2,0 mg por litro) e evaporando-a até à secura num banho de água quente/placa de aquecimento adequada. Esfregar bem o resíduo com 0,5 ml de reagente de ácido fenoldisulfónico para dissolver todos os sólidos. Adicionar 5 ml de água destilada e 1,5 ml de NH4OH concentrado (ou KOH 12 N), um após o outro. Agitar para que se desenvolva uma cor amarela . Recolher o sobrenadante, evitando os bandos, caso existam, e efetuar a leitura no espetrofotómetro a 410 nm contra um branco de água destilada.

Fosfato

O fosfato é a forma ionizada do ácido ortofosfórico. Para o medir, colocar 25 ml de amostra de água num Erlenmeyer (preparar simultaneamente água destilada). Adicionar 1 ml de solução de molibdato de amónio e 0,12 ml de solução de cloreto estanoso, a cor azul aparecerá gradualmente. Efetuar a leitura no espetrofotómetro a 690 nm após 10 minutos, mas antes de 15 minutos, contra um branco.

Recolha de macroinvertebrados

Para recolher a diversidade bentónica no lago superior, foram recolhidas amostras em três estações diferentes: monção, pós-monção e inverno, em seis estações diferentes, utilizando o amostrador de Petersons e uma rede em D. A amostragem foi efectuada entre as 07:00 e as 16:00 horas. Este estudo foi efectuado durante um período de seis meses. As amostras foram recolhidas em diferentes locais do lago.

Ao determinar a amostra, é geralmente aconselhável recolher ambos os tipos de dados, uma vez que a amostragem qualitativa determina a variedade de espécies da fauna de fundo de uma estação de amostragem, ao passo que a amostragem quantitativa é efectuada para observar alterações na dominância ou abundância.

Foram selecionados aleatoriamente seis locais diferentes para a amostragem. Em cada estação de amostragem, foi recolhida uma amostra para análise físico-química e biológica.

Esta técnica pode ser utilizada para a recolha de macroinvertebrados bentónicos na maior parte dos habitats, como pedras, lama e macrófitas. Antes de se poder efetuar qualquer avaliação da comunidade da fauna de fundo, é necessário separar os organismos do material detrítico.

O material biológico recolhido por qualquer um dos equipamentos de amostragem foi passado por uma série de peneiras graduadas e depois lavado. Foram utilizados peneiros padrão (500 µm) para peneirar as amostras. Os organismos podem ser retirados dos peneiros com a ajuda de uma pinça e colocados no frasco de recolha. Os organismos selecionados foram conservados em álcool a 70% e identificados ao microscópio de dissecação.

MWQI (novo índice de qualidade da água baseado em macroinvertebrados)

Analisámos os dados de seis estações de amostragem do Lago Superior, Bhopal, Índia. Os taxa de macroinvertebrados foram identificados com o objetivo de avaliar a integridade ecológica do lago superior de Bhopal. Os taxa de macroinvertebrados foram identificados até ao nível da família e a cada família foi atribuída uma pontuação de sensibilidade à poluição. O MWQI (Bhatt e Pandit, 2010) foi calculado da seguinte forma:

$$MWQI = \frac{\sum N+1}{(\sum N+1) + (\sum N' + 1)}$$

$N = n_i (s_i - m_s)$

$N' = n'_i (s'_i - m_s)$,

Onde, N é o produto múltiplo da densidade do *i-ésimo* táxon e a pontuação de sensibilidade relativa positiva ($s_i - m_s$); m_s é o valor mediano das pontuações atribuídas, N' é o produto múltiplo do i-ésimo táxon e a pontuação de sensibilidade relativa negativa; n é a densidade do i-ésimo táxon com pontuação de sensibilidade à poluição atribuída ≥ ms (pontuações atribuídas positivas); n'_i é a densidade do i-ésimo táxon com uma pontuação de sensibilidade à poluição atribuída (s) < pontuação mediana (pontuação negativa); 1 é a constante para ter em conta as amostras de água em que os táxons com uma pontuação de sensibilidade à poluição superior à pontuação mediana podem estar ausentes.

Quadro 1 Indicação das gamas de qualidade da água com base no IQCM		
Gama de índices	**Qualidade da água**	**Grau de poluição orgânica**
≥ 0.9000	Excelente	Sem poluição aparente
≥ 0.7000-< 0.9000	Muito bom	Ligeira poluição orgânica
≥ 0.6000-< 0.7000	Bom	Alguma poluição orgânica
≥ 0.5000-< 0.6000	Justo	Alguma poluição orgânica
≥ 0.4000-< 0.5000	Razoavelmente pobre	Poluição orgânica significativa
≥ 0.3000-< 0.4000	Justo	Poluição muito significativa
≥ 0.2000-< 0.3000	Muito pobre	Poluição orgânica elevada
< 0.2000	Pior	Poluição severa

Resultados

Análise físico-química

Durante a presente investigação, foram obtidos os seguintes resultados para os parâmetros físico-químicos do lago superior:

Temperatura do ar

Durante o presente estudo, a temperatura do ar variou entre 23 e 33^{0}C. O valor mínimo foi registado a 23^{0}C no parque Kamla no inverno e o valor máximo foi registado a 33^{0}C em Van vihar bem como no clube de barcos na pós-monção (Quadro 3, 4 e Fig. 2).

Temperatura da água

A temperatura da água variou de 21°C a 31.8°C durante o período de estudo. A temperatura atmosférica mais baixa foi registada a 2ΓC em Van vihar e Hamidia no inverno e a temperatura mais alta foi registada a 31,8^{0}C no Boat club na pós-monção (Tabela 4, 5 e Fig.3).

pH

O pH variou de 5-9. O valor mínimo foi registado em Hamidia na monção e o valor máximo no parque Kamla no inverno (Quadro 3, 5 e Fig. 4).

Sólidos totais dissolvidos

No presente estudo, o valor mínimo de sólidos totais dissolvidos foi registado em 112 ppm em Van vihar no inverno e o valor máximo foi de 160 ppm em Hamidiain após a monção (Quadro 4, 5 e Fig. 5).

Oxigénio dissolvido

Durante o estudo, o valor do oxigénio dissolvido foi observado entre 5,6 e 8,5 mgl^{-1} . O valor mínimo foi registado em Hamidia na monção e o valor máximo foi registado na zona central do Lago Superior na pós-monção (Quadro 3, 4 e Fig.6).

Alcalinidade total

Durante o período de estudo, o valor mínimo de alcalinidade total foi registado em 72 mgl^{-1} no Boat Club no inverno e o valor máximo foi registado em 150 mgl^{-1} em Hamidia na pós-monção (Quadro 4, 5 e Fig. 7).

Alcalinidade da fenolftaleína

No presente estudo, o valor mínimo da alcalinidade da fenolftaleína foi registado em 22 mgl^{-1} em Hamidia na estação pós-monção e o valor máximo foi registado em 58 mgl^{-1} em Kamla Park na estação da monção (Quadro 3, 4 e Fig. 8).

Dureza total

No presente estudo, o valor da dureza total variou de 45 a 70 mgl^{-1}. O valor mínimo foi registado em Van vihar no inverno e o valor máximo foi registado em Hamidia na pós-monção (Quadro 4, 5 e Fig. 9).

Dureza cálcica

Durante o presente estudo, o nível mais baixo de cálcio foi registado em 31,4 mgl^{-1} em Hamidia no inverno e o nível mais alto de cálcio foi encontrado em 58 mgl^{-1} em Garam gadda na monção (Quadro 3, 5 e Fig.10).

Nitrato

Durante a presente investigação, o valor mais baixo de nitrato foi registado 0,251 mgl^{-1} em Van vihar no inverno e o valor mais alto foi registado 0,67 mgl^{-1} em Hamidia na monção (Quadro 3, 5 e Fig.11).

Fosfato

Durante a presente investigação, o nível mais baixo de fosfato foi registado 0,21 mgl^{-1} na zona central no inverno e o valor mais alto foi encontrado 0,78 mgl^{-1} no clube Boat na monção (Quadro 3, 5 e Fig.12).

Fig. 2 Showing seasonal variation in air temperature during the study

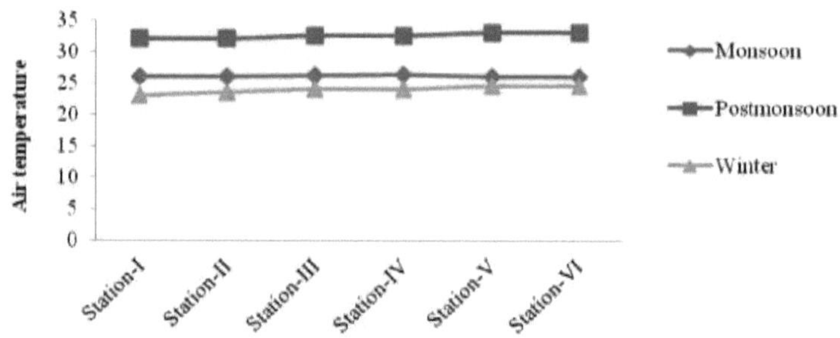

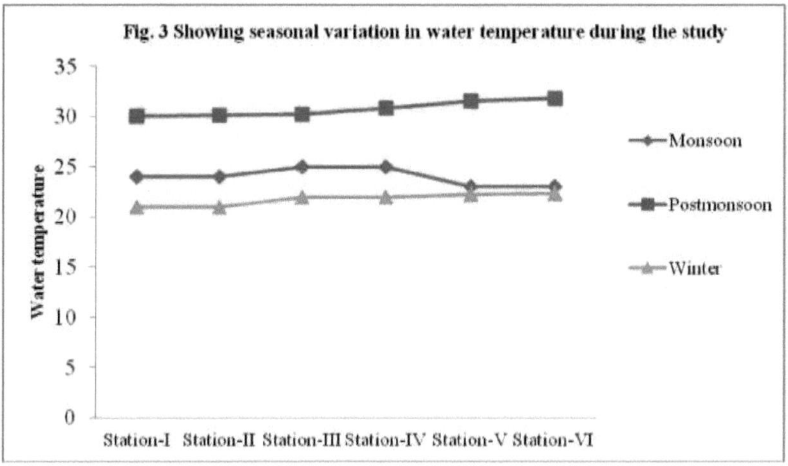
Fig. 3 Showing seasonal variation in water temperature during the study
35
30
25
20
15
10
5
0
Water temperature
Station-I Station-II Station-III Station-IV Station-V Station-VI
Monsoon
Postmonsoon
Winter

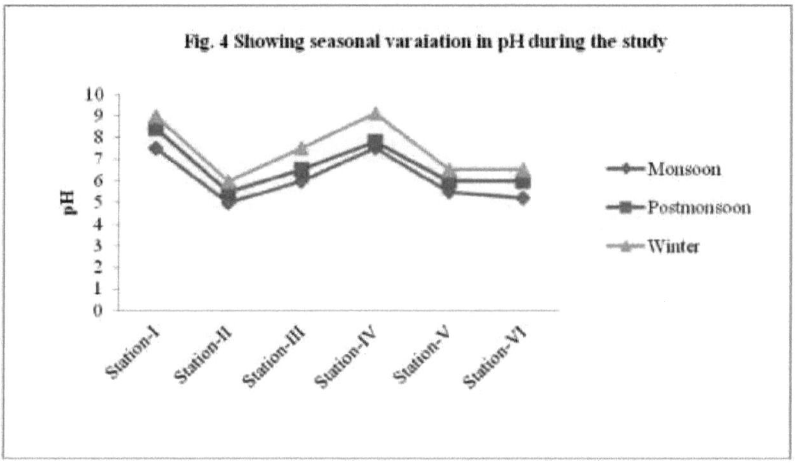
Fig. 4 Showing seasonal varaiation in pH during the study
10
9
8
7
6
5
4
3
2
1
0
pH
Station-I
Station-II
Station-III
Station-IV
Station-V
Station-VI
Monsoon
Postmonsoon
Winter

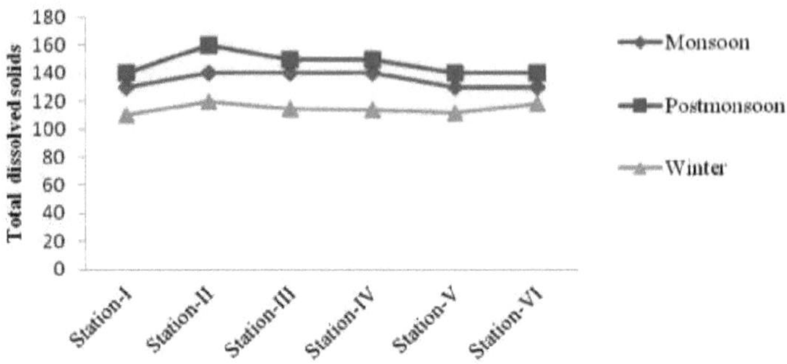

Fig. 5 Showing seasonal variation in TDS during study

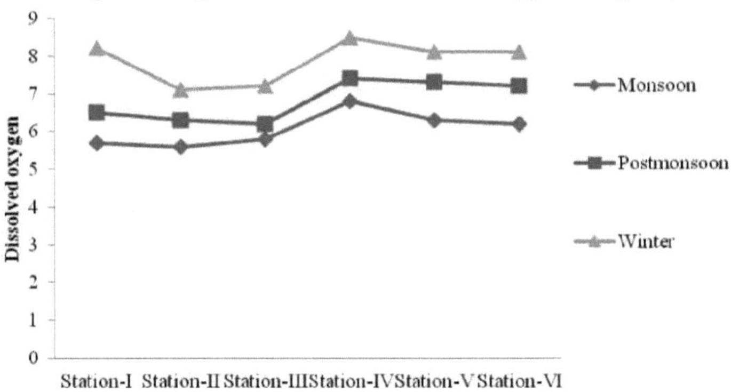

Fig. 6 Showing seasonal variations in dissolved oxygen during study

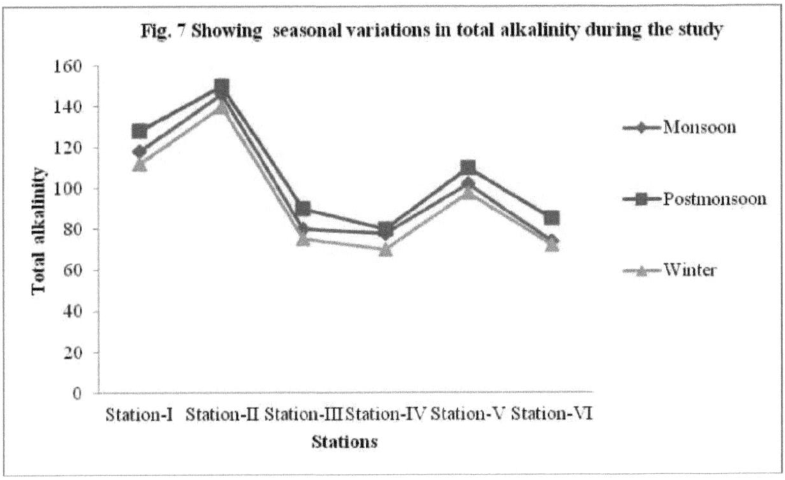
Fig. 7 Showing seasonal variations in total alkalinity during the study
Total alkalinity
160
140
120
100
80
60
40
20
0
Station-I Station-II Station-III Station-IV Station-V Station-VI
Stations
Monsoon
Postmonsoon
Winter

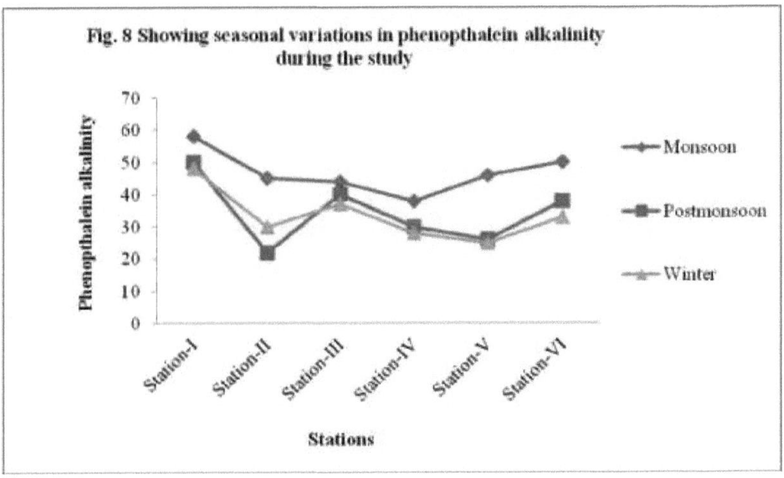
Fig. 8 Showing seasonal variations in phenopthalein alkalinity during the study
Phenopthalein alkalinity
70
60
50
40
30
20
10
0
Station-I
Station-II
Station-III
Station-IV
Station-V
Station-VI
Stations
Monsoon
Postmonsoon
Winter

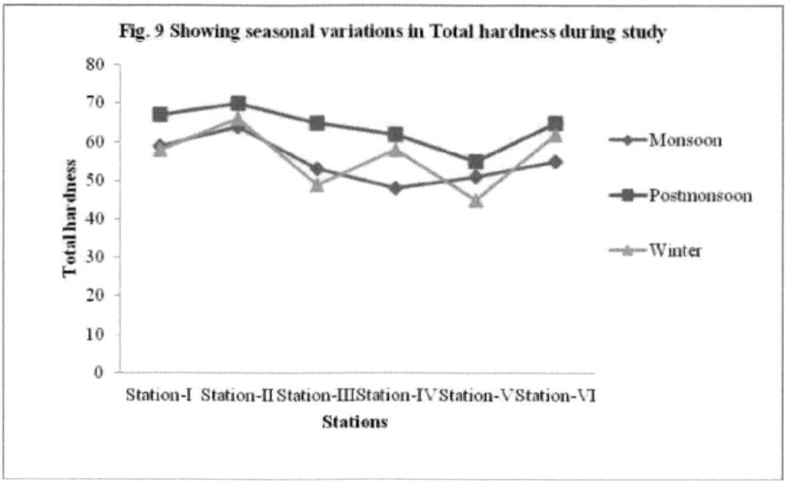
Fig. 9 Showing seasonal variations in Total hardness during study
Total hardness
80
70
60
50
40
30
20
10
0
Station-I
Station-II
Station-III
Station-IV
Station-V
Station-VI
Stations
Monsoon
Postmonsoon
Winter

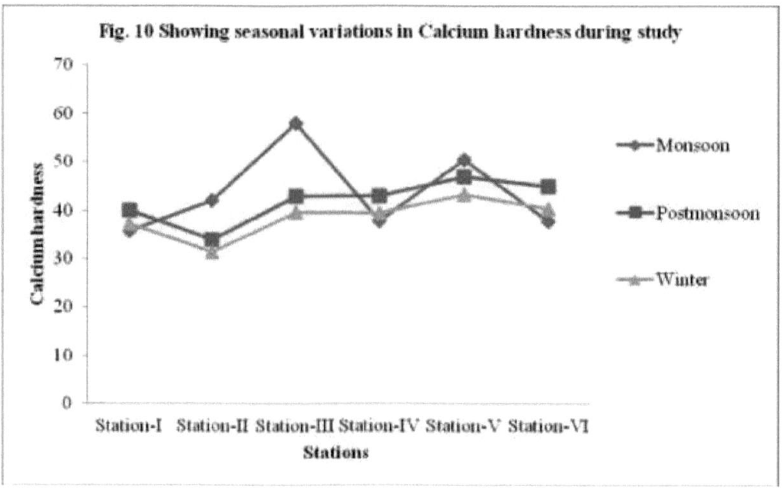
Fig. 10 Showing seasonal variations in Calcium hardness during study
Calcium hardness
70
60
50
40
30
20
10
0
Station-I
Station-II
Station-III
Station-IV
Station-V
Station-VI
Stations
Monsoon
Postmonsoon
Winter

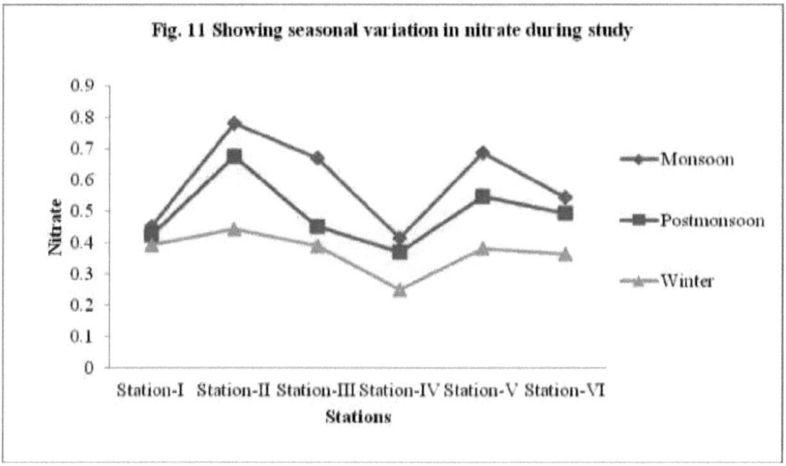
Fig. 11 Showing seasonal variation in nitrate during study
0.9
0.8
0.7
0.6
0.5
0.4
0.3
0.2
0.1
0
Nitrate
Monsoon
Postmonsoon
Winter
Station-I
Station-II
Station-III
Station-IV
Station-V
Station-VI
Stations

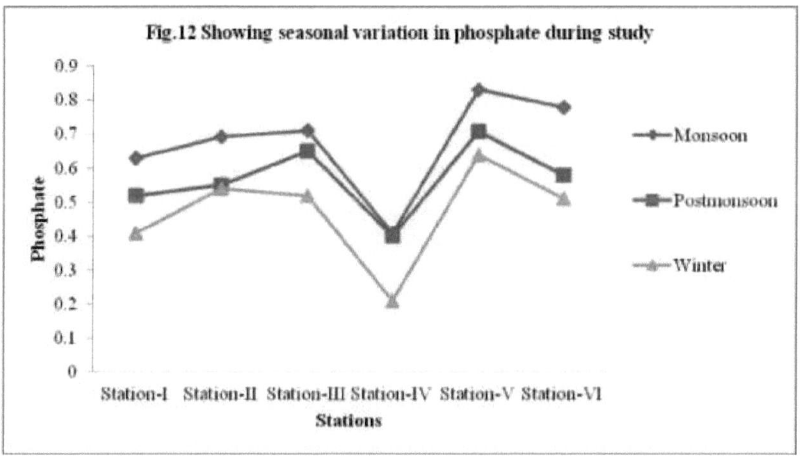
Fig.12 Showing seasonal variation in phosphate during study
0.9
0.8
0.7
0.6
0.5
0.4
0.3
0.2
0.1
0
Phosphate
Monsoon
Postmonsoon
Winter
Station-I
Station-II
Station-III
Station-IV
Station-V
Station-VI
Stations

Tabela 2: Categorias obtidas dos índices de qualidade da água em diferentes estações		
Estações	**Índices**	**ÍNDICE MWQI**
Parque Kamla	0.418	Razoavelmente pobre
Hamidia	0.211	Muito pobre
Garam gadda	0.302	Razoavelmente pobre
Zona central	0.526	Justo
Van vihar	0.456	Razoavelmente pobre
Clube náutico	0.432	Razoavelmente pobre

Parâmetros T	**Figura 3 Apresentação da estação I**	**Estação físico-química-II**	**propriedades da estação U-III**	**Estação de tratamento do lago Ipper-IV**	**estação de monção anelar-V**	**Estação-VI**
	Parque Kamla	Hamidia	Garam gadda	Zona central	Van vihar	Clube náutico
Tempo	Nublado	Nublado	Nublado	Sol	Chuvoso	Nublado
Condições físicas	Antropogénico	Antropogénico	Lama	Lama	Macrófita	Macrófita
Temperatura do ar.	26	26	26.2	26.3	26	26
Temperatura da água.	24	24	25	25	23	23
pH	7.5	5	6	7.5	5.5	5.2
TDS	130	140	140	140	130	130
Dis.oxigénio	5.7	5.6	5.8	6.8	6.3	6.2
Alcalinidade total	118	146	80	78	102	74
P. alcalinidade	58	45	44	38	46	50
Dureza total	59	64	53	48	51	55
Dureza Ca	35.7	42	58	37.8	50.4	37.8
Nitrato	0.45	0.78	0.67	0.41	0.68	0.54
Fosfato	0.63	0.69	0.71	0.41	0.83	0.78

Quadro 4: Propriedades físico-químicas do lago superior durante a pós-monção						
Parâmetros	**Estação-I**	**Estação-II**	**Estação-III**	**Estação-IV**	**Estação-V**	**Estação-VI**
	Parque Kamla	Hamidia	Garam gadda	Zona central	Van vihar	Clube náutico
Tempo	Sol	Sol	Sol	Sol	Sol	Sol
Condições físicas	Antropogénico	Antropogénico	Lama	Lama	Macrófita	Macrófita
Temperatura do ar.	32	32	32.5	32.5	33	33
Temperatura da água.	30	30.1	30.2	30.8	31.5	31.8
pH	8.4	5.5	6.5	7.8	6	6
TDS	140	160	150	150	140	140
Oxigénio	6.5	6.3	6.2	7.4	7.3	7.2
Alcalinidade total	128	150	90	80	110	85
P. alcalinidade	50	22	40	30	26	38
Dureza total	67	70	65	62	55	65
Dureza Ca	39.99	33.99	42.99	42.99	46.99	44.99
Nitrato	0.424	0.677	0.451	0.368	0.549	0.493
Fosfato	0.52	0.55	0.65	0.4	0.709	0.58

Quadro 5: Propriedades físico-químicas do lago superior durante o inverno						
Parâmetros	**Estação-I**	**Estação-II**	**Estação-III**	**Estação-IV**	**Estação-V**	**Estação-VI**
	Parque Kamla	Hamidia	Garam gadda	Zona central	Van vihar	Clube náutico
Tempo	Sol	Sol	Sol	Sol	Sol	Sol
Condições físicas	Antropogénico	Antropogénico	Lama	Lama	Macrófita	Macrófita
Temperatura do ar.	23	23.5	24	24.1	24.6	24.6
Temperatura da água.	21	21	22	22	22.2	22.3
pH	8.9	6	7.5	9.0	6.5	6.5
TDS	110	120	115	114	112	118
Oxigénio	8.2	7.1	7.2	8.5	8.1	8.1
Alcalinidade total	112	140	75	70	98	72
P. alcalinidade	48	30	37	28	25	33
Dureza total	58	66	49	58	45	62
Dureza Ca	37.3	31.4	39.6	39.4	43.3	40.4
Nitrato	0.393	0.443	0.39	0.251	0.382	0.363
Fosfato	0.41	0.54	0.52	0.21	0.64	0.51

Estrutura e composição dos macroinvertebrados

Famílias de macroinvertebrados e sua composição

Durante a presente investigação, foram recolhidas amostras de seis estações diferentes em intervalos de tempo definidos: monção, pós-monção e inverno. Foi identificado um total de 21 espécies, pertencentes a 14 famílias, no Lago Superior, Bhopal. No presente estudo, foram registadas 21 espécies de três filos de macroinvertebrados, nomeadamente moluscos, artrópodes e anelídeos. Das quais 10 espécies de moluscos, nomeadamente *Bellamya sp, B. crassa, Gyraulus labiatus, Planorbis velifer, Thiara tuberculata, T. crebra, Paludomous andersoniana, Lymnaea acuminate, Lymnaea spp.* da classe dos gastrópodes; 7 espécies de artrópodes, nomeadamente *Caenis sp, Chirnomus sp, Spaniotoma sp, Gammarus pulex, Hydroptyila sparsa, Gomphus vulgatissinus, Dytiscus sp.* pertencentes às ordens Ephemeropetra, Amphipoda, Diptera, Trichoptera, Odonata e Coleoptera; e 3 espécies de anelídeos, nomeadamente *Lumbriculus sp, Tubifix tubifix, Poecilobdells granulose* da classe Oligocheata (Fig.14).

Durante o presente estudo, o grupo mais dominante foi o dos artrópodes, constituído por seis famílias, em que Gammaridae (17%) era dominante, seguido de Gomphidae (12%), Caenidae (9%), Chironomidae (8%), Dytiscidae (2%) e Hydroptilidae (1%) (Fig.14).

Gammaridae Gomphidae< < Caenidae < Chironomidae Dytiscidae < <
Hydroptilidae

O segundo grupo dominante foi o dos moluscos, constituído por cinco famílias. A família Vivparidae (25%) foi a mais abundante, seguida de Bithynidae (6%), Lymnaeidae (5%) e Planorbidae (4%) (Fig. 14).

Vivparidae< Thiaridae Bithynidae Lymnaeidae < < < Planorbidae

O último grupo foi o dos anelídeos, constituído por três famílias: Hirudidae (8%), seguida de Tubificidae (2%) e Lumbriculidae (1%).

Hirudidae < Tubifixidae Lumbriculidae <

Abundância e composição percentual dos grupos de macroinvertebrados

Durante a presente investigação, foi identificado um total de 646 ind.m-^{2}. Os artrópodes foram dominantes com 292 ind.m-^{2} (43%). O segundo maior grupo foi o dos moluscos, com 291 ind.m-^{2} (36%) da população total. O grupo mais pequeno foi o dos anelídeos com 63 ind.m-^{2} (21%) (Fig.15).

Variação sazonal da diversidade e composição das espécies

Durante a monção, foram encontradas 14 espécies pertencentes a 11 famílias. Os gastrópodes foram os mais dominantes, com 6 espécies, seguidos dos dípteros com 2 espécies, oligocheata com 2 espécies, uma espécie de trichoptera, amphipoda, odonata e ephemeroptera.

Na pós-monção, foram identificadas 18 espécies pertencentes a 14 famílias. Nesta estação, também os gastrópodes foram dominantes, representados por 8 espécies pertencentes a 5 famílias diferentes, seguidos pela ordem dos dípteros, composta por 2 espécies, uma espécie de oligocheata, trichoptera e coleoptera.

Durante o inverno foram identificadas 20 espécies, sendo a classe gastropoda o grupo mais dominante com 11 espécies, seguida de oligocheata representada por 3 espécies, a ordem diptera com 2 espécies e uma espécie de cada ephemeroptera, odonata, trichoptera e coleoptera (Fig. 16).

Variação espacial na diversidade e composição das espécies

No total, foram identificadas 21 espécies na presente investigação, das quais 17 espécies foram encontradas no parque Kamla, Van vihar e Boat club. Foram registadas 14 espécies em Hamidia, 7 espécies em Garam gadda e 4 espécies na zona central. (Quadro 6 e Fig. 17). Durante o presente estudo, as condições ecológicas do lago foram analisadas através das comunidades bentónicas. Os resultados obtidos foram comparados com a pontuação BWMP. Os intervalos de qualidade da água com base no MWQI são apresentados no Quadro 1. Os resultados obtidos com base no MWQI classificam a qualidade da água do lago superior em quatro categorias. A primeira categoria de qualidade da água "bastante má" no parque Kamla, Van vihar e Boat club; a segunda categoria de qualidade da água "muito má" em Hamidia. Apenas a zona central do lago foi classificada na terceira categoria de qualidade da água "Razoável" e a quarta categoria de qualidade da água "Medíocre" em Garam gadda, como se pode ver no quadro 2.

Fig.13 Showing species composition of macroinvertebrates during the study

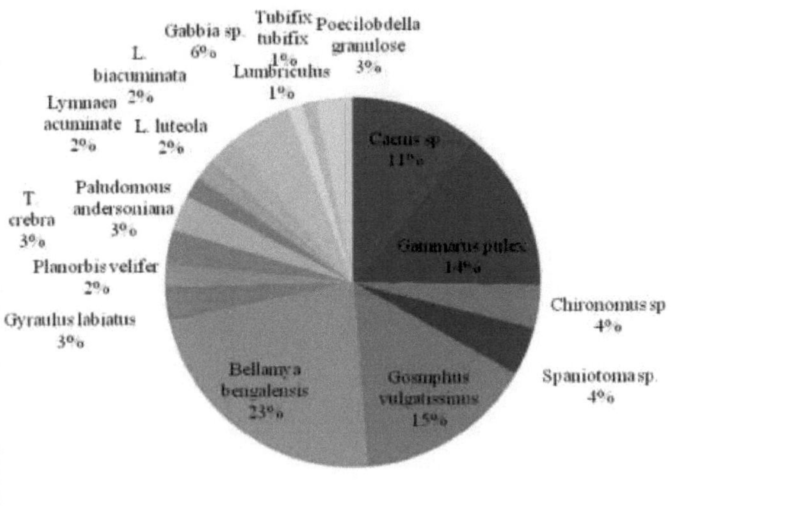

Fig. 14 Showing percentage composition of benthic families during the study

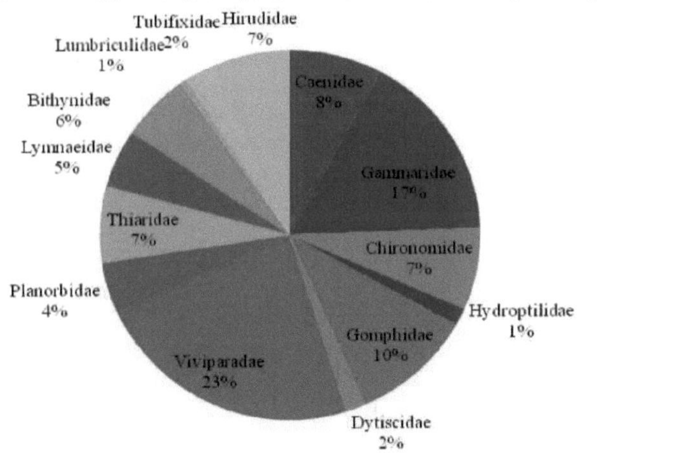

Fig. 15 Showing percentage composition of benthic groups during the study

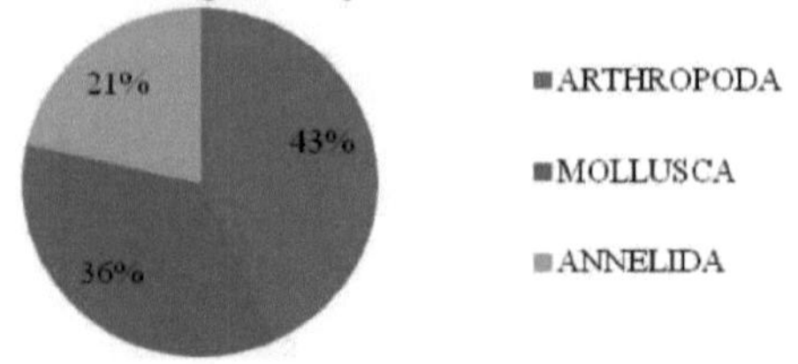

Fig. 16 Showing seasonal variation in benthic density at different stations during the study

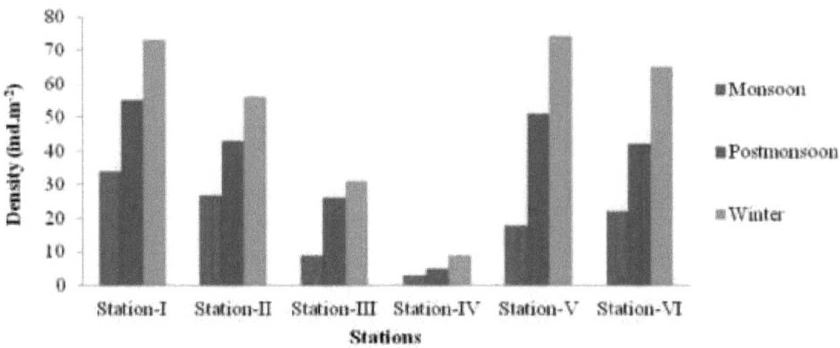

Fig. 17 Showing seasonal variation in benthic diversity at different stations during the study

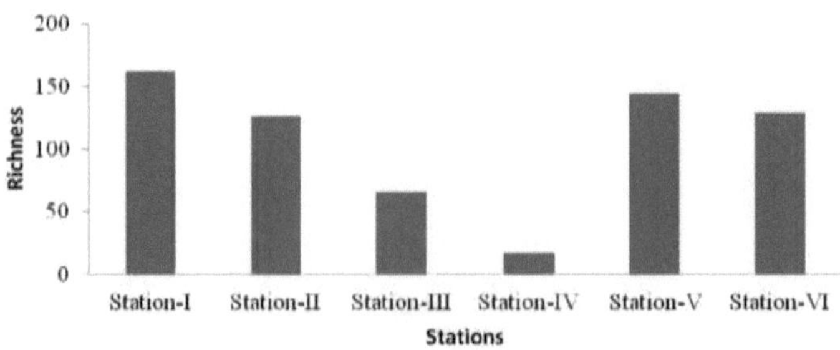

Tabela 6: Diversidade de macroinvertebrados do lago superior durante o estudo									
Filo	**Ordem/Classe**	**Família**	**Taxa**	**S1**	**S2**	**S3**	**S4**	**S5**	**S6**
ARTRÓPODES									
	Ephemeroptera	Caenidae	*Caenis spp*	+	+	-	+	+	-
	Amphipoda	Gammarídeos	*Gammarus spp*	+	+	+	-	+	+
	Dípteros	Chironomidae	*Chironomus spp*	+	+	+	+	+	+
			Spaniotoma spp	+	+	+	-	+	+
	Tricópteros	Hydroptilidae	*Hydroptila sparsa*	-	-	-	-	+	-
	Odonata	Gomphidae	*Gomphus spp*	+	-	-	-	+	+
	Coleópteros	Dytiscidae	*Dytiscus spp*	-	-	-	-	+	+
MOLUSCOS									
	Gastropoda	Vivparidae	*Bellamya bengalensis*	+	+	+	-	+	+
			B. crassa	-	+	-	-	+	-
		Planorbídeos	*Girulus labiatus*	+	+	-	-	-	+
			Planorbis velifer	+	+	-	-	+	+
		Thiarídeos	*Thiara tuberculata*	-	+	-	-	+	+
			T.crebra	+	+	-	-	-	+
			Paludomous spp	+	-	-	-	-	-
		Lymnaedae	*Lymnaea acuminate*	+	+	-	-	+	+
			L. luteola	+	-	-	-	+	+
			L. biacuminata	+	-	-	-	+	+
		Bithynidae	*Gabbia spp*	+	+	+	-	+	+
ANNELIDA									
	Oligocheata	Lumbriculidae	*Lumbriculus spp*	+	-	-	-	-	+
		Tubifixídeos	*Tubifix spp*	+	+	+	+	+	+
		Hirudidae	*Poecilobdella spp*	+	+	+	+	+	+
Total				**17**	**14**	**7**	**4**	**17**	**17**

Recolha de macroinvertebrados com rede em D

Recolha de macroinvertebrados com o amostrador de Petersons

Análise físico-química no local de amostragem

Análises físico-químicas em laboratório

Identificação de macroinvertebrados

Amostras de macroinvertebrados

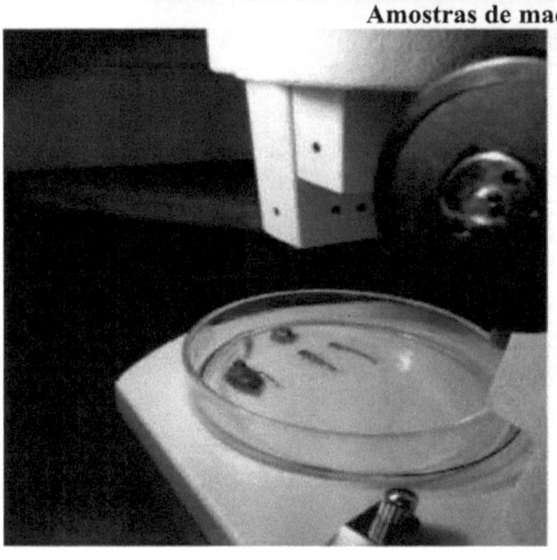

Discussão

Temperatura do ar

A temperatura é um fator importante que influencia a vida aquática e os solutos químicos. Durante o presente estudo, a temperatura do ar variou entre 23^0C e 33^0C. A temperatura mais elevada foi registada na Estação-V e na Estação-VI. Chaurasia e Pandey (2007) trabalharam em algumas lagoas e registaram um intervalo de temperatura semelhante entre 23^0C e 38^0C na lagoa de Khirgali, enquanto Siraj *et al.* (2010) registaram um intervalo de temperatura do ar entre 16^0C e $34{,}5^0$C durante o seu trabalho sobre a ecologia do macrozoobentos na zona húmida de Shallubugh, em Caxemira. O aumento da temperatura acelera a reação bioquímica e reduz a solubilidade dos gases (Harney *et al.,* 2013).

Temperatura da água

É um dos factores físicos mais importantes para os organismos vivos. No presente estudo, a temperatura da água variou de 21^0C a 31.8^0C. A temperatura mínima foi registada a 21^0C nas estações I e II e a temperatura mais elevada foi registada a 31.8^0C na estação VI. Garg *et al.* (2009) registaram uma variação semelhante da temperatura da água entre 17,8 ^{0}C e 31,8 ^{0}C durante o seu trabalho experimental no reservatório de Ramsagar em Madhya Pradesh.

pH

O pH indica a acidez ou alcalinidade da água. É maioritariamente causado pelos sais de cálcio sob a forma de carbonato e bicarbonatos. A variação do pH depende da fonte (ingrediente) que entra na massa de água. A medição do pH é de grande importância porque as reacções químicas e bioquímicas num corpo aquático ocorrem a um determinado pH que desempenha um papel importante na produtividade do lago, sendo medido numa escala de 0-14. No presente estudo, o valor do pH variou de 5,0 a 9,0. O valor mínimo de pH foi registado na Estação-II e o valor máximo foi registado na Estação-I. Um valor elevado de pH é atribuído à presença de quantidades suficientes de sal alcalino nos esgotos que são drenados para o lago, o que mostra a natureza ligeiramente básica da água (Virha *et al.*, 2011).

Sólidos totais dissolvidos

Os sólidos totais dissolvidos indicam poluição por fontes externas e diferentes tipos de nutrientes. Durante o presente estudo, o valor mínimo foi registado em 112 ppm na Estação-V no inverno e o valor mais elevado foi registado em 160 ppm na Estação-II na pós-monção. Khan *et al.* (2015) registaram valores semelhantes de TDS que flutuaram entre 100-160 ppm nas águas superficiais do Lago Superior.

Oxigénio dissolvido

O oxigénio dissolvido afecta a solubilidade e a disponibilidade de muitos nutrientes e, por conseguinte, é o parâmetro mais importante que afecta a produtividade de um ecossistema aquático (Wetzel, 1983). Durante o período de estudo, o valor mínimo de oxigénio dissolvido foi observado na Estação-II na monção e o valor mais elevado foi observado na Estação-IV no inverno. Harney *et al.* (2013) também registaram o valor mínimo de oxigénio dissolvido durante o verão e o máximo durante o inverno na lagoa Pindavani da Índia central.

Alcalinidade total

Durante o presente estudo, a alcalinidade total variou entre 72-150mgl^{-1}. O valor mais baixo de alcalinidade total foi observado na Estação-VI no inverno e o valor mais alto foi registado na Estação-II na pós-monção. Solanki e Pandit (2006) sugeriram que as alterações na alcalinidade dependem do carbonato e do bicarbonato e da libertação de CO_2.

Alcalinidade da fenolftaleína

A alcalinidade mede a capacidade de neutralização de ácidos da água. É atribuída à presença de iões de hidróxido, carbonato e bicarbonato na amostra. Durante o estudo, a alcalinidade da fenolftaleína variou entre 228,5-588,5 mgl^{-1}. O valor mais baixo foi registado na Estação-II na pós-monção e o valor mais elevado foi observado na Estação-I na monção.

Dureza cálcica

A dureza do cálcio regula várias funções fisiológicas e é essencial para todos os organismos. É um importante constituinte da parede celular e tem um efeito direto no carbonato e no pH. O valor da dureza do cálcio variou entre 31,4-58 mgl^{-1}. O valor mais elevado de dureza cálcica foi registado na Estação-III durante a monção e o mais baixo na Estação-II no inverno. Um valor semelhante foi observado por Garg *et al.* (2009) e variou entre 11,21-33,81 mgl^{-1} na albufeira de Ramsagar.

Dureza total

No presente estudo, a dureza total variou entre 45-70 mgl^{-1}. O valor mais elevado foi observado na Estação-II na pós-monção e o mais baixo foi registado na Estação-V no inverno. Garg *et al.* (2009) também registaram os mesmos valores de dureza total entre 34-75 mgl^{-1} durante o seu estudo. Virha *et al.* (2011) observaram que o nível mais elevado de dureza total no lago superior se registava na estação das chuvas, o que pode ser devido a resíduos hospitalares e esgotos.

Nitrato

O nitrato é a forma mais oxidada do azoto e um nutriente essencial. A sua presença indica que as matérias orgânicas azotadas sofreram uma oxidação natural ou nitrificação. Durante o presente estudo, o valor do nitrato variou entre 0,250,67 mgl^{-1}. O valor mais elevado foi registado na Estação-II durante a monção e o valor mais baixo foi registado na Estação-IV no inverno. Shukla (1996) registou o mesmo valor de nitrato entre 0,22-1,6 mgl^{-1} no lago superior de Bhopal. Bhat *et al.* (2001) observaram que o valor mais elevado de nitratos se deve à acumulação gradual de nutrientes nas massas de água.

Fosfato

O fósforo é um dos nutrientes mais essenciais para os organismos vivos. Pode ser obtido em massas de água a partir da meteorização de rochas e pode ocorrer em escoamentos agrícolas, resíduos industriais, esgotos municipais e detergentes sintéticos. O valor do fosfato variou entre 0,21-0,78 mgl^{-1}. O valor mais elevado foi encontrado na estação-VI durante a monção e o valor mais baixo de fosfato foi registado na estação-IV durante o inverno. A elevada concentração de fosfato é indicativa de natureza eutrófica. Bhadri e Nayal (2008) registaram valores mínimos de fosfato entre 0,008-5,8 mgl^{-1} no rio Kosi, no ponto de origem, e valores mais poluídos nos outros pontos do rio.

Comunidade de macroinvertebrados do lago superior

Foram efectuados vários estudos sobre as comunidades bióticas de água doce e os macroinvertebrados bentónicos têm merecido sempre uma grande atenção, especialmente quando se discute o conceito de biomonitorização. Encontram-se em número significativo em qualquer massa de água e desempenham um papel importante na sua ecologia. Quando as comunidades bentónicas entram em contacto com outros factores abióticos e bióticos, como a temperatura, o pH, o oxigénio dissolvido, a alcalinidade, a dureza, etc., tornam-se um indicador interessante e valioso da qualidade da água.

Durante a presente investigação, foi identificado no lago superior um total de 646 indi.m^{-2} pertencentes a 21 espécies e 14 famílias. Vyas e Bhat (2010b) registaram 38 espécies pertencentes a 20 famílias durante o seu trabalho no lago superior. No presente estudo, todas as espécies de macroinvertebrados registadas pertencem a três grandes grupos bentónicos, nomeadamente arthropoda (43%), mollusca (36%) e annelida (21%). Cada um deles representou 11, 7 e 3 espécies diferentes, respetivamente, em três intervalos de tempo diferentes, *ou seja,* monção, pós-monção e inverno. Siraj *et al.* (2010) registaram três filos de artrópodes, moluscos e anelídeos com um número total de 23 espécies durante o seu estudo na zona húmida de Shallubugh, em Caxemira.

No presente estudo, o número máximo de espécies foi registado em Kamla park, Van vihar e Boat club, enquanto o número mínimo de espécies foi registado na zona central, o que se deveu relativamente à maior profundidade nesta zona (Vyas e Bhat, 2010a). Em geral, entre os três grupos, os artrópodes dominaram, seguidos dos moluscos e anelídeos durante todo o período de estudo.

A variação sazonal da densidade de macroinvertebrados bentónicos também foi observada durante o estudo, com maior abundância no inverno devido à abundância de matéria orgânica sedimentada (Garg *et al.,* 2009) e menor na monção devido ao habitat instável (Bhawsar *et al.,* 2015). Habeeba *et al.* (2012) também registaram a densidade mais elevada de macroinvertebrados no inverno e a mais baixa na pós-monção, durante o seu trabalho num lago alimentado por esgotos em Aligarh.

MWQI (Índice de Qualidade da Água dos Macroinvertebrados)

Os macroinvertebrados foram identificados a fim de avaliar a integridade ecológica do Lago Superior, Bhopal. Os dados foram analisados utilizando o índice de qualidade da água baseado em macroinvertebrados (Bhatt e Pandit, 2010).

Durante o presente estudo, o estado da qualidade da água do Lago Superior foi analisado através das comunidades bentónicas. No presente estudo, verificou-se que o índice biótico utilizado contribuiu com informações significativas para a avaliação final da qualidade da água.

A qualidade da água do lago superior pode ser dividida em quatro categorias: Razoavelmente má, Muito má, Razoável e Má. A qualidade da água em Kamla park, Van vihar e Boat club foi considerada "razoavelmente má" devido à poluição orgânica, sendo as actividades antropogénicas, tais como as actividades balneares e de lavagem, as principais fontes de poluição nesta estação. Em Van vihar, as actividades agrícolas na sua zona de captação contribuíram com poluentes inorgânicos para esta estação, ao passo que o Boat club recebe resíduos orgânicos e inorgânicos devido a pontos de restauração e cafetarias nas suas proximidades e também recebe escoamento de Van vihar durante a queda de chuva.

Hamidia apresentou uma qualidade de água "muito má" com base no índice MWQI, o que se deveu à elevada poluição orgânica e aos efluentes inorgânicos provenientes do hospital de Hamidia na sua área de captação.

A única qualidade "razoável" da água foi encontrada na zona central do lago, aparentemente devido à ausência de interferência humana direta nesta estação. A qualidade "medíocre" da água encontrada em Garam gadda deveu-se a actividades antropogénicas e a assentamentos humanos na sua bacia hidrográfica, tal como referido por Dar *et al.* (2015).

O estado da qualidade da água é afetado pelas actividades na bacia hidrográfica, que podem ser avaliadas através de índices baseados em macroinvertebrados (Bhatt e Pandit, 2010). No presente estudo, observou-se que a diversidade bentónica de qualquer ecossistema aquático desempenha um papel importante na previsão do estado da qualidade da água. Além disso, os macroinvertebrados bentónicos podem ser utilizados como bioindicadores na avaliação da integridade ecológica das massas de água, como também foi referido por (Bhawsar *et al.*,

2015).

Conclusão

No presente estudo, os valores de vários parâmetros físico-químicos obtidos em diferentes estações de amostragem variam em diferentes estações do Lago Superior. Os vários parâmetros físico-químicos que foram analisados durante o estudo incluem a temperatura do ar, a temperatura da água, o pH, a alcalinidade total, a dureza do cálcio, a dureza total, o nitrato e o fosfato. A concentração mais elevada de nitratos e fosfatos encontrada em Van vihar, bem como no Boat club, foi atribuída às actividades agrícolas na bacia hidrográfica.

A maioria das estações durante o estudo foi considerada mais ou menos poluída, dependendo das actividades na área de captação. Das seis estações consideradas, Hamidia foi a mais poluída, conforme refletido pelo MWQI, devido aos efluentes que recebe de áreas de utilização do solo, tais como hospitais, esgotos e resíduos domésticos que chegam diretamente à massa de água através de canais. Para além disso, o local menos poluído demarcado pelo MWQI foi a zona central do lago superior, uma vez que não havia este tipo de fontes de poluição.

Concluiu-se, portanto, que o lago está sujeito a um enorme stress antropogénico, cujo impacto global resultou na deterioração da qualidade da água. A principal fonte de poluição deste lago foram as águas residuais, as acções humanas como tomar banho, lavar roupa e o escoamento das actividades agrícolas, que são responsáveis pelo aumento da poluição no lago.

Recomendações

Recomenda-se que:

- As condições ecológicas devem ser avaliadas regularmente.
- Devem ser tomadas medidas de conservação para proteger a biodiversidade aquática.
- As actividades antropogénicas devem ser restringidas na zona de captação das massas de água.
- Nenhum resíduo biomédico deve ser despejado no lago sem tratamento adequado.
- A EPA também recomenda critérios para limitar os organismos microbianos (*E. coli*) nas massas de água para proteger a saúde humana.
- Antes da drenagem direta dos esgotos e dos componentes antropogénicos para a massa de água, estes devem ser tratados para minimizar o seu impacto.
- O governo do Estado e outras agências podem utilizar o estado de qualidade da água obtido para definir estratégias de conservação para este lago ou outros lagos.

Referências

Adoni, A. D., Joshi, G., Ghosh, K., Chourasia, S.K., Vaishya, A.K., Yadav, M. e Verma, H.G. (1985). *Work book on Limnology,* Pratibha Publication Sagar, M. P. India. 1-213.

APHA, (1998). Métodos normalizados para o exame da água e das águas residuais. 20th addition. Associação Americana de Saúde Pública, Washington, D.C.

Arman, N.Z., Salmiati, Mohd.I., Mohd.S, Azman, S., Shahrul, A. e Mohd.,S. (2012). Macroinvertebrados bentónicos como uma ferramenta alternativa para a monitorização biológica na avaliação da qualidade da água do rio. 2ª Conferência Internacional sobre Inovação Ambiental e Industrial, IPCBEE. 35: 52-56.

Armitage, P.D., Moss, D., Wright, J.F. e Furse, M.T. (1983). The Performance of a New Biological Water Quality Score System based on Macroinvertebrates Over a Wide Range of Unpolluted Running-Water Sites. *Water Res.,* 17: 333-347.

Balachandran,C., Dinakaran,S., Alkananda,B., Bhoominanthan,M. e Ramachandra,T.V. (2012). Monitorização de macroinvertebrados aquáticos como indicador para avaliar a saúde dos lagos em Banglore, Karnataka. *Jornal Internacional de* Ciências *Avançadas da Vida*, 5: 19-33.

Bamakanta, G., Satyabhama, T. e Upendra, P. (2003). Variação sazonal da qualidade da água do rio Nagwali nas proximidades da Fábrica de Papel perto de Jaykaypur, Odisha, Índia. *Int. Res. J. Environment Sci.,* 2: 46-52.

Batiuk, R.A., Orth, R.J., Moore, K.A., Dennison, W.C., Stevension, J.C., Staver, L.W., Carter, V., Rybicki, N.B., Hickman, R.E., Kollar, S., Bieber, S. e Heasly, P. (1992). Chesapeake Bay Submerged Aquatic Vegetation Habitat Requirements and Restoration Targets: A Technical Synthesis. EPA: Annapolis, MD.

Bhandari, N.S. e Nayal, K. (2008). Estudo de correlação dos parâmetros físico-químicos e avaliação da qualidade da água do rio Kosi, Uttarakhand. *Journal of Chemistry,* 5: 342-346.

Bhat, J.P., Jain, A., Bhaskar, A. e Pandit, M.K. (2001). Estudo pré-impugnação das comunidades bióticas de Kistobazar Nala em Purulia, Bengala Ocidental. *Current Science,* 81: 1332-1337.

Bhatt, J. P. e Pandit, M. K. (2010). Um novo índice biótico baseado em macroinvertebrados para monitorizar a qualidade da água do rio. *Current Science*. 99: 196-203.

Bhawsar, A., Bhat, M.A. e Vyas, V. (2015). Avaliação da integridade ecológica da rede Barna da bacia do rio Narmada usando comunidades macrozoobentônicas. *Int.J. of Sci. Res.*, 4:1-4.

Bode, R.W., Novak, M.A., Abele, L.E., Heitzman, D.L. e Smith, A.J. (2002). Quality assurance work plan for biological stream monitoring in New York State. 41 p. e apêndices.

Borja, A., Franco, J. e Perez, V. (2000). Um índice biótico marinho para estabelecer a qualidade ecológica dos bentos de fundo mole nos ambientes estuarinos e costeiros europeus. *Marine Pollution Bulletin,* 40: 1100-1114.

Chakravorty, P.P., Sinha, M. e Chakraborty, S.K. (2014). Impacto dos efluentes industriais na qualidade da água e na diversidade de macro invertebrados bentónicos em lagoas de água doce no distrito de Midnapore, em Bengala Ocidental, Índia. *Journal of Entomology and Zoology Studies,* 2: 93-101.

Chauhan, B.S., Sagar, S.K. e Jindal, R. (2013). Biomonitorização do rio Sirsa na área de Baddi de Himachal Pradesh. *Revista Internacional de Ciências Teóricas e Aplicadas,* 5: 183-185.

Chaurasia, M. e Pandey, G.C. (2007). Estudo das caraterísticas físico-químicas de algumas lagoas de água de Ayodhya-Faizabad. Indian J. of Environmental protection, 27: 1019-1023.

Chessman, B.C. (1995). Rapid assessment of rivers using macroinvertebrates: a procedure based on habitat-specific sampling, family level identification and a biotic index. *Australian Journal of Ecology,* 20: 122-129.

Chowdhary, S. e Sharma, K.K. (2013a). *Eichhornia crassipes* como habitat preferido para invertebrados macrobentónicos. *Jornal de Inovação Farmacêutica e Científica,* 2: 70-72.

Chowdhary, S e Sharma, K.K. (2013b). Evolução dos invertebrados macrobentónicos no perfil longitudinal de um rio (Tawi), com origem nas colinas de Shavalik. *Journal of Global Biosciences,* 2: 31-39.

Christopher, T., Doering, R.M. e Seelen, L. (2011). Utilização de áreas protegidas para biomonitorização de água doce - estudos de caso na Suíça. *Eco.Mont.*, 3: 13-22.

Dar, S.H., Shammi, Q.J. e Khan, A.A. (2015). Biomonitoramento de macrozoobentos em lago tropical (Upper lake Bhopal). *Revista Internacional de Investigação Aplicada e Universal*, 2: 9-17.

Dwivedi, B.K. e Pandey, G.C. (2002). Factores físico-químicos e diversidade de algas de dois lagos em Faizabad, Índia. *Poll. Res.*, 21: 361-370.

Garg, R.K., Rao, R.J. e Saksena, D.N. (2009). Qualidade da água e gestão da conservação do reservatório de Ramsagar, Datia, Madhya Pradesh. *J. Environ.Biol.*, 30: 909-916.

Gerhardt, A. (1999). *Biomonitoring of Polluted Water-Reviews* on Atual Topics,301 pp. Trans Tech Publications, Zurique, Suíça.

Habeeba, K.A., Saltanat, P. e Uzma, A. (2012). Um estudo sobre variações sazonais da comunidade bentónica e índices de biodiversidade em relação às variáveis ambientais em lagoas perturbadas. *Revista Internacional de Ciências Ambientais,* 2: 2120-2125.

Harikumar, P.S.P, Deepak, R. e Sabitha, R. (2014). Avaliação da qualidade da água da bacia do rio Valapattanam em Kerala, Índia, usando macro invertebrados como indicadores biológicos. *O Jornal aberto de Meio Ambiente e Monitoramento Biológico,* 6: 1-9.

Harney, N.V., Dhamani, A.A. e Andrew, R.J. (2013). Variações sazonais nos parâmetros físico-químicos da lagoa Pindavani da Índia central. *Ciência Semanal,* 1 : 1-7.

Hassan, K., Yousuf, A.R., Zargar, I.J. e Rehman, M. (2014). Padrões de distribuição de macro invertebrados através do rio Jhelum no vale de Caxemira. *Revista Internacional de Pescas e Estudos Aquáticos,* 1: 113-120.

Hazarika, L.P. (2013). Índices de diversidade de macro invertebrados em Satajan Wetland do distrito de Lakhimpur Assam. *Anais da Investigação Biológica,* 4: 68-72.

Hynes, H.B.N. (1965). A importância dos macroinvertebrados no estudo da poluição ligeira dos rios. In: Biological Problems in Water Pollution (Problemas Biológicos na Poluição da Água). 3° Seminário, Departamento de Saúde, Educação e Bem-Estar dos EUA, Cincinnati.

Hilsenhoff, W. L. (1988). Avaliação rápida no terreno da poluição orgânica com um índice biótico de nível familiar. *Journal of the North American Benthological Society,* 7(1):65-68.

Ishaq, F. e Khan, A. (2013). Padrão de diversidade de macrozoobentos e sua relação com as caraterísticas qualitativas do rio Yamuna em Doon vally Uttrakhand. American - Eurasian *Journal of Toxicological Sciences,* 5: 20-29.

Khan, A.A. Shammi, Q.J., Dar, S.H., e. Nabi, N.G. (2015). Variações sazonais em parâmetros físico-químicos no lago superior de Bhopal (MP). *Revista Internacional de Investigação Aplicada e Universal,* 2:1-7.

Koperski, P. (2011). Diversidade do macrobentos de água doce e sua utilização na avaliação biológica: uma revisão crítica das aplicações actuais. *Environ. Rev.,* 19:16-31.

Latha, C. e Thanga, V.S.G. (2010). Diversidade de macroinvertebrados dos lagos Veli e Kadinamkulam, Kerela do Sul, Índia. *Jornal de Biologia Ambiental,* 31: 543-547.

Lonkar, S.S. e Kedar, G.T. (2014). Diversidade macrozoobentónica de três lagos urbanos de

Nagpur, Índia Central. *Revista Internacional de Investigação Avançada,* 2: 1082-1090.

Lonkar, S.S. Kedar, G.T. e Tijare, R.V. (2015). Avaliação do estado trófico do lago Ambazari , Nagpur, Índia, com ênfase no macrozoobentos como bioindicadores. *Int. J. of Life Science,* 3: 49-54.

Lovett-Doust, J., Schmidt, M. e Lovett-Doust,L.(1994). Avaliação biológica da poluição aquática: Uma revisão, com ênfase nas plantas como biomonitores. *Biol. Rev.,* 69: 147-186.

Metcalfe-Smith, J.L. (1994). Avaliação biológica da qualidade da água dos rios: utilização das comunidades de macroinvertebrados. Em Calow e Petts, C.E. (Editores). Rivers Hand book, Blackwell Scientific Publications, U.K. 2: 144-169.

Mohan, V.C., Sharma, K.K., Sharma, A. e Watts, P. (2013). Biodiversidade e abundância da comunidade de macro invertebrados bentónicos do rio Tawi nas proximidades da cidade de Udhampur (J & K) Índia. *Int. Res. J. Environment Sci.*, 2: 17-24.

Nesemann, H., Sharma, G. e Sinha, K. (2011). Fauna de macroinvertebrados bentónicos e "elemento marinho" Sensu Annandle (1922), destaques do valioso habitat dos golfinhos do rio Ganga em Bihar-Índia. *TAPROBANICA*, 3: 18-30.

Ramakrishnan, N. (2003). Bio monitoring approaches for water quality assessment in two water bodies at Tiruvannamalai, Tamil Nadu India. Actas da Terceira Conferência Internacional sobre Ambiente e Saúde, Chennai, Índia. 15-17 de dezembro: 374-385.

Rosenberg, D.M. e Resh, V.H. (1993). *Introduction to Freshwater Biomonitoring and Benthic Macroinvertebrates.* Chapman and Hall, Nova Iorque. 1194.

Sarang, N. e Sharma, L.L. (2014). Impacto da descarga de esgoto na qualidade da água e diversidade bentônica de Kota Barrage, Kota, Rajasthan, Índia. *J.of Indu.Poll. Cont.,* 30: 207-212.

Sharma, K.K., Kour, S. e Anthal, N. (2015). Diversidade de zooplâncton e invertebrados macro bentónicos de duas lagoas perenes na região de Jammu. *Journal of Global Bioscience,* 4: 1382-1392.

Sharma, K.K., Sawhney, N., Shafiq, M. e Singh, R. (2007). Dinâmica populacional de macroinvertebrados num riacho Shivalik, Banganga, Katra (J&K). *Current World Environment,* 2: 165-170.

Sharma, M.P., Sharma, S., Goel, V., Sharma, P. e Kumar, A. (2008). Avaliação da qualidade da água da ribeira de Ninglad utilizando macroinvertebrados bentónicos. *Life Science*

Journal, 5: 67-72.

Sharma, S., Dubey, S. e Chaurasia, R. (2013). Abundância de macro invertebrados bentónicos e sua correlação com parâmetros físico-químicos do rio Kunda, Khargone (M.P.), Índia. *Revista Internacional de Investigação Avançada,* 1: 8-13.

Shukla, 1996. Estudos comparativos sobre as caraterísticas físico-químicas da qualidade da água de Betwa, da barragem de Kolar e do lago superior de Bhopal. Tese de doutoramento apresentada à Universidade Barkatullah, Bhopal, Índia.

Singh, N. e Sharma, R.C. (2014). Alguns atributos importantes que regulam a vida dos macroinvertebrados: A Review. *Revista Internacional de Investigação Científica Recente, 5: 357* - 361.

Sinha, M., Chakraborty, S.K. e Chakravorty, P.P. (2015). Efeito dos efluentes industriais da Iron and Steel Company na comunidade de macro invertebrados bentónicos de lagoas de água doce na Índia. International Journal of Science and Technolgy, 3: 81-91.

Siraj, S., Yousuf, A.R., Bhat, F.A. e Parveen, M. (2010). A ecologia do macrozoobentos em Shallubugh Wetland de Kashmir Himalaya, Índia. Journal of Ecology and the Natural Environment, 295: 84-91.

Slathia, D. e Dutta, S.P.S. (2009). Limnology of Surinsar lake, Jammu (J & K State): Parte I - Protozoários. *Jornal de Ciências Aplicadas e Naturais,* 1: 141-148.

Solanki, H.A e Pandit, B.R. (2006). Estado trófico das águas lênticas das lagoas, Água de Vadodra, Estado de Gujarat, Índia. *International Journal of Bioscience,* 4: 191-198.

Sultana, R. e Kala, D.S. (2012). Análise da qualidade da massa de água por macroinvertebrados bentónicos. *Jornal Internacional de Farmácia e Ciências Biológicas*, 2: 269- 279.

Virha, R., Biswas, A.K., Kakaria, V.K., Qurashi, T.A., Borana, K. e Malik, N.K. (2011). Variações sazonais nos parâmetros físico-químicos e metais pesados na água do lago superior de Bhopal. *Bull. Environ. Contam. Toxicol.,* 86: 168-174.

Vyas, V. e Bhat, M.A. (2010a). Diversidade de moluscos na bacia superior da zona húmida de Bhoj, Bhopal - um sítio Ramsar. *Current Biotica* , 4: 207-217.

Vyas, V. e Bhat, M.A. (2010b). Diversidade macrozoobentónica da massa de água tropical (Upper Lake) Bhopal. *The Ecoscan*, 4: 69-72.

Vyas, V. e Bhawsar, A. (2013). Estrutura da comunidade bêntica na rede de riachos Barna da bacia do rio Narmada. *Revista Internacional de Biologia Ambiental,* 3: 59-63.

Wallace, J.B. e Webster, J.R. (1996). The role of macroinvertebrates in stream ecosystem function. *Revisão Anual* de *Entomologia.* 41: 115-139.

Wetzel R.G. (1983). *Limnologia*, II. Ed. Saunders College Publ. New York.

MIX
Papier aus verantwortungsvollen Quellen
Paper from responsible sources
FSC® C105338

Printed by Books on Demand GmbH, Norderstedt / Germany